上海市工程建设规范

建筑浮筑楼板保温隔声系统应用技术标准

Technical standard for application of floating floor thermal and sound insulation system

DG/TJ 08—2365—2021

J 15834—2021

主编单位：上海建科检验有限公司
　　　　　中国建筑标准设计研究院有限公司
批准部门：上海市住房和城乡建设管理委员会
施行日期：2021 年 11 月 1 日

同济大学出版社

2021　上海

图书在版编目(CIP)数据

建筑浮筑楼板保温隔声系统应用技术标准/上海建科检验有限公司,中国建筑标准设计研究院有限公司主编
. —上海:同济大学出版社,2021.10
　　ISBN 978-7-5608-9904-6

　　Ⅰ.①建… Ⅱ.①上… ②中… Ⅲ.①建筑设计—混凝土楼板—保温工程—隔声—技术标准 Ⅳ.①TU2-65

　　中国版本图书馆 CIP 数据核字(2021)第 187884 号

建筑浮筑楼板保温隔声系统应用技术标准

上海建科检验有限公司
中国建筑标准设计研究院有限公司　　　主编

策划编辑　张平官
责任编辑　朱　勇
责任校对　徐春莲
封面设计　陈益平

出版发行　同济大学出版社　　www.tongjipress.com.cn
　　　　　(地址:上海市四平路 1239 号　邮编:200092　电话:021-65985622)
经　　销　全国各地新华书店
印　　刷　浦江求真印务有限公司
开　　本　889mm×1194mm　1/32
印　　张　2
字　　数　54 000
版　　次　2021 年 10 月第 1 版　　2021 年 10 月第 1 次印刷
书　　号　ISBN 978-7-5608-9904-6
定　　价　20.00 元

上海市住房和城乡建设管理委员会文件

沪建标定〔2021〕336 号

上海市住房和城乡建设管理委员会
关于批准《建筑浮筑楼板保温隔声系统应用技术标准》为上海市工程建设规范的通知

各有关单位：

由上海建科检验有限公司、中国建筑标准设计研究院有限公司主编的《建筑浮筑楼板保温隔声系统应用技术标准》，经我委审核，现批准为上海市工程建设规范，统一编号为 DG/TJ 08—2365—2021，自 2021 年 11 月 1 日起实施。

本规范由上海市住房和城乡建设管理委员会负责管理，上海建科检验有限公司负责解释。

特此通知。

上海市住房和城乡建设管理委员会
二〇二一年五月三十一日

前　言

根据上海市住房和城乡建设管理委员会《关于印发〈2019年度上海市工程建设规范和标准设计编制计划〉的通知》(沪建标定〔2018〕753号)的要求,由上海建科检验有限公司、中国建筑标准设计研究院有限公司会同相关单位,经深入调查研究,试验验证,并在广泛征求各方意见的基础上编制而成。

本标准主要内容有:总则;术语;系统及组成材料;设计;施工;质量验收。

各单位及相关人员在执行本标准过程中,如有意见和建议,请反馈至上海市住房和城乡建设管理委员会(地址:上海市大沽路100号;邮编:200003;E-mail:shjsbzgl@163.com),上海建科检验有限公司(地址:上海市申富路568号;邮编2001108;E-mail:yuepeng@sribs.com),上海市建筑建材业市场管理总站(地址:上海市小木桥路683号;邮编:200032;E-mail:shgcbz@163.com),以供今后修订时参考。

主　编　单　位:上海建科检验有限公司
　　　　　　　　中国建筑标准设计研究院有限公司
参　编　单　位:上海市建筑材料行业协会
　　　　　　　　无锡格迈思新材料科技有限公司
　　　　　　　　上海立胜工程检测技术有限公司
　　　　　　　　赢胜节能集团有限公司
　　　　　　　　阿乐斯绝热材料(广州)有限公司
　　　　　　　　洛科威防火保温材料(广州)有限公司
　　　　　　　　华美节能科技集团有限公司
　　　　　　　　广州孚达保温隔热材料有限公司

上海新型建材岩棉大丰有限公司

钟化(苏州)缓冲材料有限公司

浙江众创材料科技有限公司

神州节能科技集团有限公司

上海绿羽节能科技有限公司

上海越大节能科技有限公司

主要起草人：岳　鹏　徐　颖　李珊珊　邱　童　刘　炜

　　　　　　张弥宽　李圣明　王亚军　肖玉麒　王鹏军

　　　　　　成　钢　董成斌　张　君　宋玲珍　高　鹏

　　　　　　范　力　陈胜霞　熊少波　韩秀龙　武田浩

　　　　　　乐海琴　高景岐　刘　冲　袁林林　许　斌

　　　　　　徐　铭　蔡新华

主要审查人：王宝海　张永明　车学娅　林丽智　周　东

　　　　　　苑素娥　曹毅然

上海市建筑建材业市场管理总站

目 次

Contents

1 总 则

1.0.1 为规范浮筑楼板保温隔声系统在建筑中的应用,保证工程质量,制定本标准。

1.0.2 本标准适用于本市新建、扩建和改建的居住建筑浮筑楼板保温隔声系统的设计、施工和验收,学校、医院、旅馆、办公、商业等公共建筑以及实施旧房改造的居住建筑技术条件相同时也可适用。

1.0.3 采用浮筑楼板保温隔声系统的建筑,除应符合本标准外,尚应符合国家、行业和本市现行有关标准的规定。

2 术 语

2.0.1 浮筑楼板保温隔声系统　floating floor thermal insulation and sound insulation system

由楼板结构层、保温隔声垫、细石混凝土保护层、竖向隔声片等组成,起保温、隔声作用的楼板构造系统。

2.0.2 楼板结构层　floor structural layer

位于楼板保温隔声系统最下侧的基层钢筋混凝土楼板。

2.0.3 保温隔声垫　thermal and sound insulation cushion

铺设于楼板结构层上部的弹性垫层,具有撞击声隔声、保温功能的材料。

2.0.4 细石混凝土保护层　fine aggregate concrete layer

位于保温隔声垫上部,配有钢丝网片的细石混凝土层保护层,简称保护层。

2.0.5 竖向隔声片　vertical sound insulation pad

设置在保温隔声垫、细石混凝土保护层以及饰面层与四周墙体、柱及穿越楼板竖向管道之间起阻断细石混凝土保护层、饰面层与四周墙体、柱及穿越楼板竖向管道之间声桥作用的弹性材料。

2.0.6 防水胶带　waterproof tape

粘贴在保温隔声垫拼缝、竖向隔声片拼缝上以及保温隔声垫与竖向隔声片的接缝部位,阻止浇筑细石混凝土保护层时产生渗漏,起临时密封作用的单面胶粘带。

2.0.7 防水透气膜　waterproof vapor permeable membrane

具有一定压差状态下水蒸气透过性能,又能阻止一定高度液态水通过,可以根据需要设置在保温隔声垫、细石混凝土保护层之间的辅助防水材料。

2.0.8 声桥 sound bridge

在双层或多层隔声结构中两层间的刚性连接物,声能以振动的方式通过它在两层中传播。

3 系统及组成材料

3.1 一般规定

3.1.1 浮筑楼板保温隔声系统所使用的材料应符合设计要求和现行相关标准中有关安全与环保的规定。不得对室内环境造成污染,不应对人体、生物与环境造成有害的影响,并应符合现行国家标准《民用建筑工程室内环境污染控制规范》GB 50325 等对有害物质限量的规定。

3.1.2 在判定测定值或其计算值是否符合标准要求时,应将测试所得的测定值或其计算值与相应标准规定的极限数值进行比较,其方法应符合现行国家标准《数值修约规则与极限数值的表示和判定》GB/T 8170 中规定的修约值比较法。

3.2 系统保温隔声性能

3.2.1 浮筑楼板保温隔声系统撞击声隔声性能应符合表 3.2.1 的规定。

表 3.2.1　浮筑楼板保温隔声系统撞击声隔声性能

项目		性能指标	试验方法
撞击声隔声(dB)	计权规范化撞击声压级 $L_{n,w}$(实验室测量)	<65	GB/T 19889.6
	计权标准化撞击声压级 $L'_{nT,w}$(现场测量)	≤65	GB/T 19889.7

注:现场测量为工程实体现场检测时采用,现场检测应符合施工图设计的相关说明和节点构造做法。

3.2.2 浮筑楼板保温隔声系统的传热系数应符合设计要求,现场检测时按现行上海市建设工程规范《建筑围护结构节能现场检测技术标准》DG/TJ 08—2038 的规定进行。

3.3 组成材料性能

3.3.1 保温隔声垫常用规格尺寸和允许偏差应符合表 3.3.1 的规定。

表 3.3.1 保温隔声垫常用规格尺寸和允许偏差

项目	规格尺寸	允许偏差	试验方法
宽度(mm)	600~1 200	±2	GB/T 6342 或 GB/T 5480
厚度(mm)	12~30	0~+3.0	本标准附录 A

注:其他规格尺寸可由供需双方商定,尺寸允许偏差应符合表 3.3.1 中的规定。

3.3.2 保温隔声垫性能除应符合相关产品标准的规定外,还应符合表 3.3.2 的规定。

表 3.3.2 保温隔声垫主要性能指标

项目		性能指标	试验方法
撞击声改善量 ΔL_w(dB)		≥18	GB/T 19889.8
导热系数(平均温度 25 ℃±2 ℃)[W/(m·K)]		≤0.037	GB/T 10294 或 GB/T 10295
热阻(平均温度 25 ℃±2 ℃)[m²·K/W]		符合设计要求	
压缩强度(kPa)		≥15	GB/T 13480
压缩弹性模量(MPa)	厚度≤20 mm	≤0.50	
	厚度>20 mm	≤1.20	
压缩蠕变 (23 ℃,4 kPa,168 h)(%)		≤5.0	GB/T 15048
压缩变形(mm)		≤4	本标准附录 A

项目		性能指标	试验方法
尺寸稳定性(%) (23 ℃±2 ℃,相对湿度 90%±5%,48 h)		长度方向和宽度方向≤0.5	GB/T 30806
		厚度方向≤1.0	
燃烧性能	级别	不应低于 GB 8624—2012 中铺地材料 B₁ 级	GB/T 5464、GB/T 8626、GB/T 11785 或 GB/T 14402
	产烟特性	不应低于 s1 级	GB/T 11785
	烟气毒性	不应低于 t1 级	GB/T 20285
甲醛释放量(mg/m³)		≤0.08	GB/T 32379—2015 气候箱法
挥发性有机化合物 VOC [mg/(m² · h)]		≤0.500	GB 50325—2020 附录 B

注:1. 撞击声改善量试验时,保护层为 40 mm 厚的细石混凝土。
　　2. 现行国家标准《绝热材料稳态热阻及有关特性的测定　防护热板法》GB/T 10294 为仲裁试验方法。
　　3. 采用辐射供暖的建筑浮筑楼板保温隔声系统,压缩蠕变试验温度可取 40 ℃。

3.3.3 保护层应符合下列规定:

1 细石混凝土性能应符合现行国家标准《预拌混凝土》GB/T 14902 的规定,强度等级不应低于 C25。

2 钢丝网片性能应符合现行国家标准《镀锌电焊网》GB/T 33281 的有关规定,应采用网号为 40×40,丝径为 4.00 mm 的镀锌电焊网,并应符合表 3.3.3 的要求。

表 3.3.3　钢丝网片主要性能指标

项目		性能指标	试验方法
网孔允许偏差(%)	经向	±5	GB/T 33281
	纬向	±2	

项目	性能指标	试验方法
丝径允许偏差(mm)	±0.08	GB/T 33281
焊点抗拉力(N)	>580	
镀锌层质量(g/m²)	>140	GB/T 1839

3.3.4 竖向隔声片应采用保温隔声垫同质材料或弹性材料,主要性能应符合表 3.3.4 的规定。

表 3.3.4　竖向隔声片的主要性能指标

项目	性能指标	试验方法
宽度(mm)	符合设计要求	GB/T 6342
厚度(mm)	≥5.0	
吸水率(V/V)	≤3%	GB/T 8810 或 GB/T 5480

3.3.5 防水胶带主要性能应符合表 3.3.5 的规定。

表 3.3.5　防水胶带主要性能指标

项目	性能指标	试验方法
宽度(mm)	≥40	GB/T 32370
180°剥离强度(23 ℃)(N/cm)	≥0.5	GB/T 2792—2014 方法 1
持粘性(h)	≥3	GB/T 4851—2014 方法 A
拉伸强度(纵向)(N/cm)	≥30	GB/T 30776—2014 中 A 法

3.3.6 防水透气膜主要性能应符合表 3.3.6 的规定。

表 3.3.6　防水透气膜主要性能指标

项目		性能指标	试验方法
不透水性		1 000 mm 水柱, 2 h 无渗漏	GB/T 328.10—2007 中 A 法
拉力(N/50 mm)	纵向	≥180	GB/T 328.7—2007 中 A 法
	横向	≥140	

项目	性能指标	试验方法
水蒸气透过量[g/(m² · 24 h)]	≥300	GB/T 17146—2015 中 试验条件 B

3.3.7 浮筑楼板保温隔声系统应采用硅酮密封胶,其性能应符合现行国家标准《硅酮和改性硅酮建筑密封胶》GB/T 14683 的相关规定。

4 设 计

4.1 一般规定

4.1.1 浮筑楼板保温隔声系统空气声隔声性能和撞击声隔声性能应符合现行国家标准《民用建筑隔声设计规范》GB 50118 和现行上海市工程建设规范《住宅设计标准》DGJ 08—20 中的有关规定,热工性能应符合现行国家标准《民用建筑热工设计规范》GB 50176、现行行业标准《夏热冬冷地区居住建筑节能设计标准》JGJ 134 和现行上海市工程建设规范《居住建筑节能设计标准》DGJ 08—205 中的有关规定。

4.1.2 浮筑楼板保温隔声系统中保温隔声垫的燃烧性能应符合设计要求和现行国家标准《建筑设计防火规范》GB 50016、《建筑内部装修设计防火规范》GB 50222 等中的有关规定。

4.1.3 浮筑楼板保温隔声系统的细石混凝土保护层与楼板结构层、房间四周墙体、柱之间应采取阻断固体传声(声桥)的构造措施。

4.1.4 浮筑楼板保温隔声系统的保温隔声垫之间、竖向隔声片之间以及保温隔声垫与竖向隔声片的接缝部位应有防止细石混凝土的水泥浆、养护用水渗入的措施。保温隔声垫的表面应具有防止水渗入的措施。

4.1.5 应在设计文件中明确保温隔声垫的种类、型号规格和主要性能指标。

4.2 构造设计

4.2.1 浮筑楼板保温隔声系统宜按图 4.2.1 设计。有防水要求的房间,除应按国家现行相关标准的有关规定进行防水设计外,还应在保温隔声垫与细石混凝土保护层间设置一道防水透气膜,其他房间宜在保温隔声垫与细石混凝土保护层间设置防水透气膜。

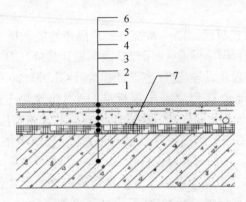

1—楼板结构层(现浇混凝土楼板或钢筋混凝土叠合楼板);
2—保温隔声垫;3—防水透气膜(如需要);4—细石混凝土保护层;
5—钢丝网片;6—饰面层;7—防水胶带

图 4.2.1 浮筑楼板保温隔声系统基本构造

4.2.2 浮筑楼板保温隔声系统与侧墙拼接处应采用竖向隔声片进行隔声处理。竖向隔声片应紧密铺贴于墙体表面,高度应高于细石混凝土保护层上表面至少 20 mm;对于全装修住宅,竖向隔声片的高度应与饰面层平齐。带有竖向隔声片的浮筑楼板保温隔声系统基本构造如图 4.2.2 所示。

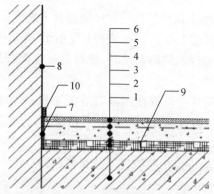

1—楼板结构层(现浇混凝土楼板或钢筋混凝土叠合楼板);2—保温隔声垫;
3—防水透气膜(如需要);4—细石混凝土保护层;5—钢丝网片;6—饰面层;
7—竖向隔声片;8—房间四周墙体、柱及抹灰层;9—防水胶带;10—踢脚

图 4.2.2 带有竖向隔声片的浮筑楼板保温隔声系统基本构造

4.2.3 采用辐射供暖的浮筑楼板保温隔声系统时,应满足现行行业标准《辐射供暖供冷技术规程》JGJ 142 和现行上海市建设工程规范《地面辐射供暖技术规程》DGJ 08—2161 的有关规定,辐射供暖用管道应铺设在保温隔声垫上方,在保温隔声垫上宜设置反射隔热膜,基本构造如图 4.2.3 所示。

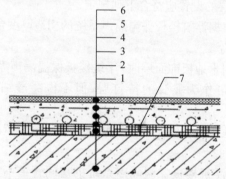

1—楼板结构层(现浇混凝土楼板或钢筋混凝土叠合楼板);
2—保温隔声垫;3—反射隔热膜(如需要);4—细石混凝土保护层;
5—钢丝网片;6—饰面层;7—防水胶带

图 4.2.3 采用辐射供暖的浮筑楼板保温隔声系统基本构造

4.2.4 细石混凝土保护层构造设计应符合下列规定：

1 细石混凝土保护层的厚度不应小于 40 mm；当采用辐射供暖的浮筑楼板保温隔声系统时，细石混凝土保护层的厚度不宜小于 50 mm。

2 钢丝网片应设置在距细石混凝土保护层顶面 15 mm～20 mm 的位置，钢丝网片的拼接应采用搭接，搭接宽度不应小于 100 mm。

4.2.5 细石混凝土保护层应设置分格缝，分格缝的设置应符合下列规定：

1 楼板铺设面积大于 30 m² 或边长大于 6 m 时，应设置分格缝，且分格缝的间距不应大于 6 m。

2 门洞口、墙体阳角处、保温隔声楼板和非保温隔声楼板交界处应设置分格缝。

3 采用整体浇筑时，分格缝宽度应大于 3 mm，深度不小于 20 mm。

4 采用分仓浇筑时，不同房间的浮筑楼板保温隔声系统应在门洞口地面(门坎)处断开。

4.2.6 饰面层的设置应符合下列规定：

1 应根据浮筑楼板保温隔声系统的构造厚度合理确定结构楼板板面标高。

2 采用木地板饰面层时，浮筑楼板保温隔声系统的细石混凝土保护层可作为龙骨的持钉层，但不得穿透细石混凝土保护层。

3 木地板龙骨应在相邻房间交界的门洞位置断开，不应延续至相邻房间。

4.2.7 铺设浮筑楼板保温隔声系统的房间管道不宜穿越楼板。确需穿越时，应在管道四周包裹竖向隔声片，并用水泥砂浆密封处理，基本构造如图 4.2.7 所示。

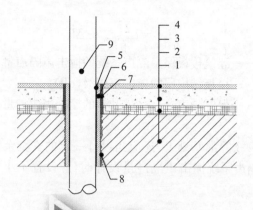

1—楼板结构层(现浇混凝土楼板或钢筋混凝土叠合楼板);
2—保温隔声垫;3—细石混凝土保护层;4—饰面层;
5—密封胶;6—预埋管套;7—竖向隔声片;
8—水泥砂浆;9—穿楼板管道

图 4.2.7　穿越楼板管道隔声基本构造

4.3　保温与隔声设计

4.3.1　浮筑楼板保温隔声系统中保温隔声垫的厚度应根据现行建筑节能设计标准和隔声设计标准,按热工计算和隔声要求确定。

4.3.2　热工计算时保温隔声垫导热系数宜按表 3.3.2 或相关标准中的规定取值。保温隔声垫导热系数参与热工计算时需进行修正,修正系数宜取 1.2,同时应符合相关设计标准的规定。

4.3.3　浮筑楼板保温隔声系统的撞击声隔声性能,可采用楼板结构层的撞击声压级与浮筑楼板保温隔声系统的撞击声改善量作为设计参考。楼板结构层的撞击声压级 $L_{n,0,w}$ 可按本标准附录 B 表 B.0.1 取值。

　　浮筑楼板保温隔声系统的撞击声隔声量 L_w 可由式(4.3.3)表示:

$$L_w = L_{n,0,w} - \Delta L_w \qquad (4.3.3)$$

式中：L_w——浮筑楼板保温隔声系统的撞击声隔声量(dB)；

$L_{n,0,w}$——楼板结构层的撞击声压级(dB)；

ΔL_w——保温隔声垫(含保护层)的撞击声改善量(dB)。

在式(4.3.3)的基础上，还应当设计一定的安全余量，在浮筑楼板保温隔声系统撞击声隔声量设计时，应设置不小于 3 dB 的安全余量。

5 施 工

5.1 一般规定

5.1.1 浮筑楼板保温隔声系统施工应在楼板结构层、墙体抹灰完工并经验收合格后进行。楼板结构层质量应符合现行国家标准《建筑地面工程施工质量验收规范》GB 50209 的有关规定,其厚度应符合设计要求。

5.1.2 浮筑楼板保温隔声系统施工前,应按设计文件要求和工程实际编制专项施工方案并经建设、监理单位签字认可,并对施工人员进行技术、安全、质量交底和专业技术培训。

5.1.3 浮筑楼板保温隔声系统应按设计文件和专项施工方案进行施工。

5.1.4 批量施工前,应在现场采用相同材料、构造做法和工艺制作样板间,并经建设相关各方确认后方可进行工程施工。

5.1.5 浮筑楼板保温隔声系统施工期间以及完工后 24 h 内,室内环境温度不应低于 5 ℃,且不应高于 35 ℃。

5.1.6 浮筑楼板保温隔声系统主要材料应存放于室内,运输过程中应防晒、防雨。

5.1.7 浮筑楼板保温隔声系统材料存放、施工过程应有防火安全措施,符合现行国家标准《建设工程施工现场消防安全技术规范》GB 50720 的有关规定。

5.1.8 竖向隔声片安装、保温隔声垫铺设、防水胶带粘贴、细石混凝土保护层浇筑完工后,均应做好成品保护。

5.1.9 浮筑楼板保温隔声系统施工应严格遵守安全施工相关的规范,施工人员应佩戴好各种劳防用品,做好职业健康保护。

5.2 施工工艺

5.2.1 浮筑楼板保温隔声系统的施工应包括楼板结构层处理、铺贴竖向隔声片、铺设保温隔声垫、浇筑细石混凝土保护层及养护等工序,如图 5.2.1 所示。

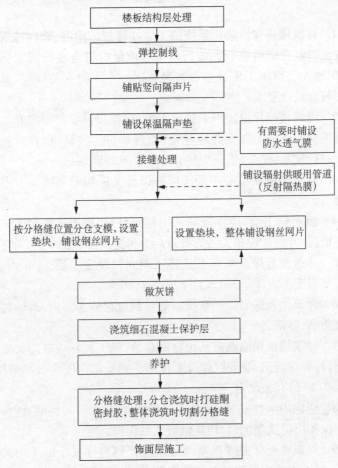

图 5.2.1 浮筑楼板保温隔声系统施工工艺流程图

5.2.2 楼板结构层、墙角处基层墙面应清洁、平整、干燥;凹坑和裂缝应采用强度等级不低于 DPM 15 的干混抹灰砂浆修补、找平;凸出部位应剔除。楼板结构层表面不平整时,应铺设找平层,表面平整度应控制在 3 mm 以内。

5.2.3 在墙体抹灰层的表面弹出水平控制线及竖向隔声片铺贴上口的位置控制线,用于控制细石混凝土保护层标高、竖向隔声片上口标高。在楼板结构层上表面弹出细石混凝土保护层的分格缝位置线,并引注至墙体抹灰层的表面,用于控制细石混凝土保护层分格缝的位置。

5.2.4 沿墙角处墙面,铺贴竖向隔声片,穿楼板竖向管道与楼板结构层接触部位采用水泥砂浆密封处理,管道四周铺贴竖向隔声片,竖向隔声片高度应高于细石混凝土保护层,接缝应采用对接方式,接缝宽度不应大于 1 mm。

5.2.5 保温隔声垫应空铺在楼板结构层表面,铺设应平整,对接缝应紧密,接缝宽度不应大于 1 mm,对于有防水要求的房间,保温隔声垫表面应设置防水透气膜。保温隔声垫之间、保温隔声垫与竖向隔声片之间、竖向隔声片之间的对接缝应采用防水胶带做密封处理,防水胶带在接缝两侧的粘贴宽度宜相等,且平整、牢固、不应有皱褶。防水胶带长度方向接缝应采用搭接处理,搭接长度不应小于 10 mm。

5.2.6 当细石混凝土保护层内设有辐射供暖用管道时,按设计要求、现行行业标准《辐射供暖供冷技术规程》JGJ 142 和现行上海市建设工程规范《地面辐射供暖技术规范》DGJ 08—2161 的规定铺设。辐射供暖用管道铺设过程中不得损坏保温隔声垫。

5.2.7 分仓浇筑时,按分格缝位置设置模板,保温隔声垫与模板之间的缝隙应采用防水胶带做密封处理。

5.2.8 钢丝网片应设置在距细石混凝土保护层顶面 15 mm~20 mm 的位置,钢丝网片应洁净、无损伤。铺设时,底部应采用支架、垫块等措施支撑,保证其竖向位置,支撑间距不宜超过 500 mm。

钢丝网片搭接宽度不应小于 100 mm,搭接处用细铁丝绑扎。钢丝网片铺设完毕,按细石混凝土保护层设计厚度,在钢丝网片网孔处做灰饼。分仓浇筑时,钢丝网片应在分格缝处断开。

5.2.9 细石混凝土保护层施工除应符合混凝土施工要求外,还应符合下列规定:

    1 应严格控制细石混凝土的配比,坍落度不应大于 130 mm。

    2 当运送细石混凝土时,应在保温隔声垫上铺设木板,不得直接在保温隔声垫上运送。

    3 细石混凝土宜采用平板振捣器或其他方式振捣、密实,直至表面无明显塌陷、有水泥浆出现、不再冒气泡为止。

    4 细石混凝土收水后终凝前应进行抹压处理。

    5 细石混凝土浇筑完毕后应保湿养护,可采用洒水和覆盖方式;养护时间不应少于 7 d。养护期内不得上人踩踏、堆放物料、安装模板及支架。

    6 细石混凝土抗压强度应达到设计强度的 75% 以上时方可上人行走。

5.2.10 细石混凝土浇筑 48 h～72 h 后,采用整体浇筑法、无辐射供暖系统且楼板铺设面积大于 30 m² 或边长大于 6 m 时,应设置分格缝:

    1 分格缝宜设置在门洞、墙体阳角处等位置。

    2 分格缝宜为假缝,宽度应大于 3 mm,深度不小于 20 mm,且应切断钢丝网片,但不得破坏保温隔声垫。

5.2.11 采用分仓浇筑法施工的浮筑楼板保温隔声系统,细石混凝土浇筑 48 h～72 h 后,切除高于细石混凝土保护层的模板,并采用硅酮或改性硅酮建筑密封胶对分格缝进行防水密封处理,密封胶嵌入缝内深度不小于 10 mm。

5.2.12 饰面层的施工作业应在浮筑楼板保温隔声系统施工完毕后,且达到饰面施工要求后方可进行。

6 质量验收

6.1 一般规定

6.1.1 浮筑楼板保温隔声系统应按现行国家标准《建筑地面工程施工质量验收规范》GB 50209、《建筑节能工程施工质量验收标准》GB 50411 和现行上海市工程建设规范《建筑节能工程施工质量验收规程》DGJ 08—113 的有关规定进行施工质量验收。

6.1.2 浮筑楼板保温隔声系统的主要材料和配套材料应符合设计要求和产品标准要求。材料或产品进场时,应提供产品合格证、产品出厂检验报告、有效期内的系统及组成材料型式检验报告等。

6.1.3 浮筑楼板保温隔声系统的施工应在楼板结构层质量验收合格后进行。浮筑楼板保温隔声系统施工过程中,应及时进行质量检查、隐蔽工程验收和检验批验收,施工完成后应进行保温隔声分项工程验收。

6.1.4 浮筑楼板保温隔声系统每一道施工工序完成后,应经检查验收合格后方可进行下一道工序的施工。

6.1.5 浮筑楼板保温隔声系统下列部位或内容应进行隐蔽工程验收,并应有详细的文字记录和图像资料:

1 楼板结构层及其处理。

2 竖向隔声片的铺贴。

3 保温隔声垫的铺设。

4 防水透气膜的铺设。

5 防水胶带的粘贴密封。

6 钢丝网片的铺设。

7 分格缝的设置。

6.1.6 浮筑楼板保温隔声系统竣工验收应提供下列资料,并纳入竣工技术档案:

1 设计文件、图纸会审、设计变更文件和洽商记录。

2 有效期内的浮筑楼板保温隔声系统及组成材料的型式检验报告,主要组成材料的产品合格证、产品出厂检验报告、进场复验报告和进场核查记录。

3 通过审批的施工方案和施工技术交底。

4 隐蔽工程验收记录和图像资料。

5 检验批、分项工程验收记录。

6 其他对工程质量有影响的技术资料。

6.1.7 浮筑楼板保温隔声系统验收的检验批划分应符合下列规定:

1 每 1 000 m² 应划为一个检验批,不足 1 000 m² 按一个检验批计。

2 划分检验批也可根据与施工流程相一致且方便施工与验收的原则,由施工单位与监理单位或建设单位共同商定。

6.1.8 浮筑楼板保温隔声系统检验批应按主控项目和一般项目验收。检验批质量验收合格,应符合下列规定:

1 主控项目应全部合格。

2 一般项目应合格;当采用计数检验时,至少应有 80% 以上的检查点合格。

3 应具有完整的施工操作依据和质量检查记录。

6.2 主控项目

6.2.1 浮筑楼板保温隔声系统的主要材料和配套材料品种、规格、性能应符合设计文件和本标准的规定。

检验方法:观察、尺量检查;检查产品合格证、出厂检验报告和有效期内的系统及组成材料型式检验报告等质量证明文件。

检查数量:按进场批次,每批随机抽取 3 个试样进行检查;质量证明文件应按其出厂检验批进行核查。

6.2.2 浮筑楼板保温隔声系统所用材料进场时,应对主要材料的性能进行现场抽样复验。复验项目应符合表 6.2.2 的规定。复验应为见证取样送验。

检验方法:随机抽样送检,检查复验报告。

检查数量:同厂家、同品种产品,楼板面积 1 000 m² 以内时应复检 1 次;当面积增加时,每增加 2 000 m² 应增加 1 次;超过 5 000 m² 时,每增加 3 000 m² 应增加 1 次;增加的面积不足规定数量时也应增加 1 次。同工程项目,同施工单位且同期施工的多个单位工程(群体建筑),可合并计算楼板抽检面积。

表 6.2.2 浮筑楼板保温隔声系统主要材料复验项目

材料名称	复验项目
保温隔声垫	导热系数(热阻)、压缩强度、压缩弹性模量、撞击声改善量
防水透气膜	不透水性、拉力
钢丝网片	网孔允许偏差、丝径允许偏差、焊点抗拉力、镀锌层质量

6.2.3 浮筑楼板保温隔声系统构造做法应符合设计文件和本标准的要求,并应按施工方案施工。

检验方法:对照设计文件和施工方案观察检查;核查施工记录和隐蔽工程验收记录。对质量有疑问时应采用抽样剖开检查。

检查数量:每个检验批不得少于 3 处。

6.2.4 保温隔声垫的厚度应符合设计文件的规定。

检验方法:尺量检查。

检查数量:按进场批次,每个检验批随机抽取 3 个试样进行检查。

6.2.5 细石混凝土保护层强度等级应符合设计文件的规定。

检验方法:检查检验报告。

检查数量：每个检验批不应少于 1 组。

6.2.6 浮筑楼板保温隔声系统施工完毕后，系统的热工性能应符合现行上海市工程建设规范《居住建筑节能设计标准》DGJ 08—205 有关规定和设计文件的规定，隔声性能应符合现行国家标准《民用建筑隔声设计规范》GB 50118 的有关规定和设计文件的规定。

检验方法：根据现行上海市建设工程规范《建筑围护结构节能现场检测技术标准》DG/TJ 08—2038 和现行国家标准《声学 建筑和建筑构件隔声测量 第 7 部分：楼板撞击声隔声的现场测量》GB/T 19889.7 的有关规定进行现场检测。

检查数量：每个检验批抽取不少于 1 个自然间。

6.2.7 浮筑楼板保温隔声系统各层的设置和构造做法应符合设计要求，各层厚度不得低于设计要求。

检验方法：根据现行国家标准《建筑节能工程施工质量验收标准》GB 50411 附录 F 的规定进行现场检测。

检查数量：按检验批数量，每个检验批抽查不得少于 3 处。

6.3 一般项目

6.3.1 竖向隔声片的铺贴应连续、牢固，接缝宽度不应大于 1 mm。

检验方法：观察；卡尺量。核查隐蔽工程验收记录。

检查数量：每个检验批抽取 3 个自然间，测量竖向隔声片接缝宽度；其余全数检查。

6.3.2 保温隔声垫的铺设应平整，接缝紧密，接缝宽度不应大于 1 mm。

检验方法：观察；卡尺量。核查隐蔽工程验收记录。

检查数量：每个检验批抽查不少于 3 处，每处 10 m²，测量保温隔声垫接缝宽度；其余全数检查。

6.3.3 接缝处的防水胶带应密封良好。

　　检验方法：观察。

　　检查数量：全数检查。

6.3.4 细石混凝土保护层表面应密实，不得有裂缝等缺陷。

　　检验方法：观察检查。

　　检查数量：全数检查。

6.3.5 细石混凝土保护层的表面应平整，且平整度的允许偏差不应大于 5 mm。

　　检验方法：用 2 mm 靠尺或楔形塞尺检查。

　　检查数量：每个检验批抽查不得少于 3 处。

6.3.6 钢丝网片搭接宽度不应小于 100 mm。

　　检验方法：钢尺量 3 处，取最小值。

　　检查数量：每个检验批抽查 3% 的自然间，且不得少于 3 间。

附录 A 保温隔声垫厚度和压缩变形试验方法

A.0.1 范围

本附录适用于保温隔声垫厚度和压缩变形的测定。

A.0.2 仪器设备

1 测厚仪

安装在固定于刚性平整底板的刚性框架之上,分度值为 0.1 mm。

2 底板和加压板

长度和宽度应不小于试件的长度和宽度。

3 加载装置

包括由测厚仪施加的载荷,能够对试件分别施加(250±5) Pa 载荷、(2 000±20) Pa 载荷和(50 000±500) Pa 载荷的加载装置。

4 压缩试验机

加载装置宜为压缩试验机。压缩试验机应有两块高刚性、抛光、正方形的平整且互相平行的板材,板材边的长度至少与被测试试件的边等长。其中一块板应固定,而另一块板应可移动,可以带有中心定位的球形压头接头,以确保仅向试件施加垂直的轴向载荷。

用于测量位移的装置应安装在压缩试验机上来测量可移动平板的位移,并且读数精度为 0.1 mm。

一个应力传感器应该安装在压缩试验机的一个平板上,以测量由试件对平板产生的反作用力。该传感器应保证自身在测试过程中的变形与被测量相比可忽略不计,或者其形变可通过计算加以考虑。此外,该传感器可联系测试应力且精度为其测试量的1%。当位移测试是在活动板上而不是在试件的垂直轴上时,应使用放置在活动板轴对称对角线的两侧的两个位移传感器,应使用两个传感器测试值的平均值。

A.0.3 试件

1 试件尺寸

试件尺寸为(200±1) mm×(200±1) mm,厚度为原始制品的厚度。

长度和宽度按现行国家标准《泡沫塑料与橡胶线性尺寸的测定》GB/T 6342 的规定进行测定,精确至 1 mm。

2 试件数量

试件数量为 3 个。

3 试件制备

试件应以使其不包括产品边缘的方式切割。试件应采用不改变产品原有结构的方法制备。任何表皮、饰面或涂层都应保留。

4 状态调节

试件应在温度(23±5) ℃下状态调节至少 6 h;如有争议,应在温度(23±2) ℃和相对湿度(50±5)％下状态调节至少 24 h。

A.0.4 试验步骤

1 试验环境

试验应在温度(23±5) ℃下进行;如有争议,测试应在温度(23±2) ℃和相对湿度(50±5)％下进行。

2 通则

试件厚度的测试步骤见图 A.0.4 所示。

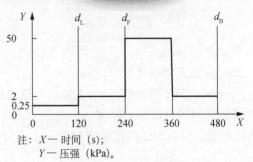

注:X — 时间 (s);
Y — 压强 (kPa)。

图 A.0.4 试件厚度的测试步骤

3 厚度 d_L

将试件放置在刚性、平整且水平的底板上,有贴面或者有涂层的面对着底面基板并确保测试区域与底面基板接触。

用压缩试验机或加载装置对试件加载 250 Pa 的载荷。

在试件加载 250 Pa 的载荷(120 ± 5) s 后,测试试件的厚度,精确至 0.1 mm。厚度可以通过两个斜对角布置的测厚仪进行测试。

4 厚度 d_F 和 d_B

厚度 d_F 和 d_B 的测试应使用已测试过厚度 d_L 的试件。

用压缩试验机对试件加载到 2 kPa 的载荷,施加(120 ± 5) s 后,测量厚度 d_F,精确至 0.1 mm。再施加额外的 48 kPa 载荷在试件上,施加(120 ± 5) s,然后移除额外增加的 48 kPa 载荷。

在卸除额外增加的 48 kPa 载荷(120 ± 5) s 后立刻测量厚度 d_B,并精确至 0.1 mm。

A.0.5 结果表示

1 厚度 d_L

样品厚度以三个试件厚度 d_L 的算术平均值表示,精确至 0.1 mm。

2 压缩变形

试件的压缩变形按下式进行,精确至 0.1 mm。

$$C = d_L - d_B \tag{A.0.5}$$

式中:C——压缩变形(mm);

d_L——250 Pa 载荷下试件的厚度(mm);

d_B——50 kPa 载荷下保持特定时间,然后再恢复到 2 kPa 载荷特定时间后试件的厚度(mm)。

样品的压缩变形以三个试件压缩变形的算术平均值表示,精确至 0.1 mm。

附录 B 楼板结构层撞击声压级

表 B 楼板结构层撞击声压级

序号	名称	厚度(mm)	计权规范化撞击声压级 $L_{n, 0, w}$(dB)
1		110	80
2	楼板结构层	120	79
3		130	78
4		140	77

本标准用词说明

1 为了便于在执行本标准条文时区别对待,对要求严格程度不同的用词说明如下:

　1）表示很严格,非这样做不可的用词:
　　正面词采用"必须";
　　反面词采用"严禁"。

　2）表示严格,在正常情况下均应这样做的用词:
　　正面词采用"应";
　　反面词采用"不应"或"不得"。

　3）表示允许稍有选择,在条件许可时首先应这样做的用词:
　　正面词采用"宜";
　　反面词采用"不宜"。

　4）表示有选择,在一定条件下可以这样做的用词,采用"可"。

2 标准中指定应按其他有关标准执行时,写法为"应符合……的规定(要求)"或"应按……执行"。

引用标准名录

1　《建筑防水卷材试验方法　第7部分:高分子防水卷材长度、宽度、平直度和平整度》GB/T 328.7

2　《建筑防水卷材试验方法　第10部分:沥青和高分子防水卷材不透水性》GB/T 328.10

3　《胶粘带剥离强度的试验方法》GB/T 2792

4　《胶粘带持粘性的试验方法》GB/T 4851

5　《建筑材料不燃性试验方法》GB/T 5464

6　《矿物棉及其制品试验方法》GB/T 5480

7　《泡沫塑料与橡胶线性尺寸的测定》GB/T 6342

8　《数值修约规则与极限数值的表示和判定》GB/T 8170

9　《建筑材料及制品燃烧性能分级》GB 8624

10　《建筑材料可燃性试验方法》GB/T 8626

11　《绝热材料稳态热阻及有关特性的测定　防护热板法》GB/T 10294

12　《绝热材料稳态热阻及有关特性的测定　热流计法》GB/T 10295

13　《铺地材料的燃烧性能测定　辐射热源法》GB/T 11785

14　《建筑用绝热制品压缩性能的测定》GB/T 13480

15　《建筑材料及制品的燃烧性能燃烧热值的测定》GB/T 14402

16　《硅酮和改性硅酮建筑密封胶》GB/T 14683

17　《预拌混凝土》GB/T 14902

18　《硬质泡沫塑料压缩蠕变试验方法》GB/T 15048

19　《建筑材料及其制品水蒸气透过性能试验方法》GB/T 17146

20 《声学　建筑和建筑构件隔声测量　第6部分:楼板撞击声隔声的实验室测量》GB/T 19889.6

21 《声学　建筑和建筑构件隔声测量　第7部分:楼板撞击声隔声的现场测量》GB/T 19889.7

22 《声学　建筑和建筑构件隔声测量　第8部分:重质标准楼板覆面层撞击声改善量的实验室测量》GB/T 19889.8

23 《材料产烟毒性危险分级》GB/T 20285

24 《胶粘带拉伸强度与断裂伸长率的试验方法》GB/T 30776

25 《建筑用绝热制品　在指定温度湿度条件下尺寸稳定性的测试方法》GB/T 30806

26 《胶粘带长度和宽度的测定》GB/T 32370

27 《矿物棉及其制品甲醛释放量的测定》GB/T 32379

28 《镀锌电焊网》GB/T 33281

29 《建筑防火设计规范》GB 50016

30 《民用建筑隔声设计规范》GB 50118

31 《民用建筑热工设计规范》GB 50176

32 《建筑地面工程施工质量验收规范》GB 50209

33 《建筑内部装修设计防火规范》GB 50222

34 《民用建筑工程室内环境污染控制标准》GB 50325

35 《绿色建筑评价标准》GB/T 50378

36 《建筑节能工程施工质量验收标准》GB 50411

37 《建设工程施工现场消防安全技术规范》GB 50720

38 《夏热冬冷地区居住建筑节能设计标准》JGJ 134

39 《辐射供暖供冷技术规程》JGJ 142

40 《住宅设计标准》DGJ 08—20

41 《建筑节能工程施工质量验收规程》DGJ 08—113

42 《居住建筑节能设计标准》DGJ 08—205

43 《地面辐射供暖技术规程》DGJ 08—2161

44 《建筑围护结构节能现场检测技术标准》DG/TJ 08—2038

上海市工程建设规范

建筑浮筑楼板保温隔声系统应用技术标准

DG/TJ 08—2365—2021
J 15834—2021

条 文 说 明

目　次

Contents

1 总 则

1.0.1 本市居住建筑主要以多、高层建筑为主,分户楼板的撞击噪声干扰一直是邻里纠纷的热点。对楼板进行撞击声隔声处理,可以改善建筑室内声环境,提高广大住户的使用品质。

撞击声的产生是由于楼板受到撞击产生振动,并通过房屋结构的刚性连接而传播,振动的房屋结构向室内空间辐射声能形成空气声传给接收者。因此,楼板撞击声的隔绝措施主要有三种:①通过在楼板上铺设弹性面层,使撞击楼板引起的振动减弱,可在业主入住后铺设地毯,但该措施不好统一执行;②通过在楼板下面做弹性隔声吊顶,阻隔振动结构向室内辐射的空气声,但吊顶需要封闭后与楼板用弹性连接,存在造价与占用空间无法普及和应用效果有限的缺限;③采用浮筑楼板做法,通过在楼面和承重结构之间设置弹性垫层,阻隔振动在楼层结构中的传播,可有效解决隔声和保温双重问题。

目前现有的建筑楼板撞击声隔声技术中,保温隔声一体化系统应用相对成熟,正在进行大规模推广。浮筑楼板保温隔声技术的应用同时满足楼板保温和隔声的需要,有效解决楼上下噪声干扰和传热的问题,并且节省造价、节约空间,有着显著的社会、经济和环境效益。为规范该技术在居住建筑中的应用,指导工程的设计、施工、验收等,确保工程质量,编制了本标准。

1.0.2 本标准中规定的居住建筑,其定义符合上海市建设工程规范《居住建筑节能设计标准》DGJ 08—205—2015 的规定,是以居住为目的的民用建筑,包括住宅、别墅、宿舍、集体宿舍、招待所、公寓、托幼建筑及疗养院和养老院的客房楼。

1.0.3 浮筑楼板保温隔声系统涉及保温隔声楼板结构、墙体抹灰等多个分项工程,与多个专业交叉,故应同时满足其他相关标准的要求。

2 术 语

2.0.1 细石混凝土保护层、保温隔声垫和楼板结构层自上而下构成一个竖向的弹性减震系统,再加上竖向隔声片构造,形成完整的浮筑楼板保温隔声系统。

2.0.2 位于整个系统最下侧的基层,目前居住建筑常用楼板包括现浇钢筋混凝土楼板和装配式居住建筑使用的钢筋混凝土叠合楼板。叠合楼板由下层预制板和后现浇钢筋混凝土层叠合而成,保温隔声垫铺设在现浇钢筋混凝土层上。

2.0.3 用于浮筑楼板保温隔声系统的保温隔声垫是铺设于楼地面结构层上部的弹性垫层,可以是兼具保温隔声作用的单一材料板材,也可以是厚度方向上分层复合而成的垫层。

3 系统及组成材料

3.1 基本规定

3.1.1 浮筑楼板保温隔声系统基本以室内使用为主,因此系统组成材料不仅需要符合设计要求,同时也需要考虑材料的安全和环保性能,不能对室内环境造成污染,对人体健康造成危害。

3.1.2 本条款对系统及材料的测定值或计算值的判定进行了规定,采用修约值比较法。

3.2 系统保温隔声性能

3.2.1 本条对浮筑楼板保温隔声系统的撞击声隔声量和热工性能进行了规定,在满足现行国家标准《民用建筑隔声设计规范》GB 50118的基础上,结合现行国家标准《绿色建筑评价标准》GB/T 50378 和现行上海市工程建设规范《住宅设计标准》DGJ 08—20 中的规定,对撞击声隔声量提出了更为严格的技术指标。

3.2.2 系统的热工性能用传热系数表征,由于浮筑楼板保温隔声系统无法按现行国家标准《绝热 稳态传热性质的测定标定和防护热箱法》GB/T 13475 的方式进行试验室测试,因此,在本条中规定了按现行上海市建设工程规范《建筑围护结构节能现场检测技术标准》DG/TJ 08—2038 进行现场测试,并应符合设计的要求。通过指标的设定,进一步降低居住建筑楼地面的撞击声,提升居住的舒适度。

3.3 组成材料性能

3.3.1 浮筑楼板保温隔声系统中的隔声保温材料多为轻质、多孔的有机或无机纤维类材料,另外一部分为分层复合保温隔声垫的隔声保温材料,考虑到一些保温材料也有一定的改善撞击声效果,和其他隔声材料相结合能够满足保温和撞击声隔声的要求,本条款给出了保温隔声垫材料常规尺寸并且规定了尺寸允许偏差,考虑到材料的厚度与系统的保温性能和隔声性能都有密切的关系,因此厚度方向不得有负偏差。结合热工计算保温隔声垫的最小厚度不宜小于 12 mm。分层复合保温隔声垫的最小厚度不宜小于 15 mm,且保温层厚度不宜低于 12 mm。结合目前保温隔声垫应用的案例和相关文献规范中如现行国家建筑标准设计图集《建筑隔声与吸声构造》08J931,其应用厚度范围从 12 mm 至 30 mm 不等,因此本标准中给出了保温隔声垫常规的厚度规格,同时也可以结合具体项目保温隔声的设计要求,使用其他厚度的保温隔声垫,但厚度偏差仍应符合本标准的规定。

保温隔声垫在应用时需要承受一定的荷载,材料的厚度应在一定荷载条件下测得更符合实际应用情况。《浮筑地面用绝热制品厚度的测量》ISO 29770 中规定了这类材料厚度的试验方法,为了便于本标准使用者的使用,编制组将此试验方法作为附录。

3.3.2 表 3.3.2 对保温隔声垫的性能进行了规定,本条主要根据已有的工程经验以及材料自身特性,并综合考虑材料的隔声性能、热工性能、力学性能、防火性能以及环保性能等。

保温隔声垫的类型可以是单一材料板材,也可以是厚度方向上分层复合而成的垫层,其中单一材料板材按材料种类又可以细分为有机类材料和无机纤维类材料。编制组收到验证试验样品37组。样品类型涉及有机类单一材料,如橡塑、石墨聚苯乙烯、发泡聚丙烯等;无机纤维类材料,如玻璃棉制品和岩棉制品;分层复合保温隔声垫,如交联聚乙烯复合石墨聚苯乙烯和交联聚乙烯复合挤塑聚苯乙烯等。

验证项目包括:撞击声改善量、导热系数、压缩强度、压缩弹性模量、压缩蠕变、压缩变形、尺寸稳定性、燃烧性能、甲醛释放量和挥发性有机物含量 VOC。

撞击声改善量能比较直观的表征保温隔声垫的隔声效果,考虑到撞击声隔声量现场检测的可操作性以及材料进场复验的要求,在材料进场施工前能对使用材料的撞击声改善量进行复验,可以较好地控制产品质量,满足设计要求。37 组验证样品中,撞击声改善量≥18 dB 的样品组数为 35 组,厚度范围 10 mm~30 mm,从数据来看,不同类型的材料其撞击声改善量还是具有一定差异性的,因此撞击声改善量可以认为是不同材料本身固有的特性;同一类型材料,随着厚度的增加,撞击声改善量的变化不是非常明显,没有呈线性增加的趋势。同时考虑到声学设计中要求撞击声隔声量要求<65 dB,通过简单的声学计算以及考虑到现场安装效果需要给到 3 dB~5 dB 的安全系数,将撞击声改善量的技术指标定在≥18 dB,从验证结果来看,大部分材料能符合要求。

37 组验证样品中,导热系数≤0.037 W/(m·K)的样品数量为 30 组,厚度范围 10 mm~30 mm,从数据上来看,不同材料的导热系数还是有明显差异的,导热系数是材料本身固有的性能,而热阻与材料的厚度呈正比关系,在导热系数一定的情况下,材料的厚度越厚,其热阻越大。按照上海居住建筑节能设计规范中的规定,楼板的传热系数≤2.0 W/(m²·K),在本标准规定的修正系数取 1.2 的情况下,理论计算得到材料的厚度应不小于 12 mm。同时考虑到保温隔声垫在应用时需要承受一定的荷载,以及建筑层高的情况,将导热系数设定在 0.037 W/(m·K)以下的范围,大部分材料同时符合了撞击声隔声和楼板传热系数的要求。

考虑到实际测试情况,对于分层复合保温隔声垫产品,其热工性能主要由保温材料的导热系数和复合垫层的热阻决定,按保温材料的导热系数和修正系数进行热工计算。因此,本标准对保温隔声垫的导热系数进行规定,同时复合垫层的热阻应符合设计要求,从两方面来控制产品的性能。

同种材料保温隔声垫的压缩弹性模量对楼板撞击声隔声性能影响很大,对空气隔声性能也有一定影响。压缩弹性模量越小,弹性越好,越有利于撞击声隔声;当压缩弹性模量过高时,压缩强度偏大,使细石混凝土保护层与楼板结构层间形成刚性结构,对撞击声隔声不利。但是,压缩弹性模量偏低,虽有利于撞击声隔声,但在上层细石混凝土保护层自重及室内使用荷载作用下变形较大,易导致细石混凝土保护层开裂。故应选用压缩弹性模量适中产品较为合适。对于铺设辐射供暖的楼板,同时应符合现行行业标准《辐射供暖供冷技术规程》JGJ 142 和现行上海市建设工程规范《地面辐射供暖技术规程》DGJ 08—2161 的规定,该标准中对用于辐射供暖的保温材料的压缩强度进行了规定,压缩强度至少达到 150 kPa,经过编制组的验证压缩弹性模量和压缩强度之间呈线性增加的趋势,而当采用弹性材料与此类材料复合后,可以降低整体的弹性模量,更有利于撞击声隔声量的减少,同时由于弹性材料与楼面接触,降低了由于楼板平整度较差而造成易开裂的情况,而保温材料又具有一定的承压能力,可以较好地承受保护层细石混凝土保护层的自重和辐射供暖标准中的相关规定。保温隔声垫在上层细石混凝土保护层长期作用下会产生压缩蠕变,导致保温隔声垫厚度减小,导热系数增大,从而影响撞击声隔声效果和热工性能。压缩蠕变的荷载结合细石混凝土保护层的荷载计算值设定为 4 kPa,试验温度为常温 23 ℃,测试在上述条件下 7 d 的蠕变情况。当采用辐射供暖系统时,压缩蠕变的试验温度可以调整为 40 ℃ 与实际使用的情况相匹配。

考虑到实际应用过程中有受物体瞬间跌落冲击的影响,本标准在制定时采用了 ISO 29770 的标准来测试保温隔声垫抗瞬间跌落冲击的能力,采用压缩变形来表征。技术指标参考了 EN 13162 中应用于浮筑楼板纤维类产品的技术要求,以及 EN 13163 中应用于浮筑楼板 EPS 类产品的技术要求。从验证试验结果看,37 组样品中 35 组样品符合压缩变形小于或等于 4 mm 的技术指标。为了便于本标准使用者的使用,编制组将此试验方法作为附录。

对于分层复合保温隔声垫,考虑到其对整体弹性也有贡献作用,同时瞬间荷载和长期荷载都会影响分层复合保温隔声垫中保温材料的厚度,因此测试厚度方向的整体力学性能(压缩强度、压缩弹性模量、压缩蠕变和压缩变形)即可控制保温隔声垫整体弹性,没有必要对分层材料单独进行测试。

室内使用时,需要对保温隔声垫的燃烧性能、产烟毒性、有害物质释放量进行控制。现行国家标准《建筑设计防火规范》GB 50016 中对民用建筑楼板的燃烧性能和耐火极限提出了规定,分为一、二、三、四级,其中四级耐火等级的住宅建筑允许建造 3 层,其燃烧性能和耐火极限为难燃性(0.5 h),其余均为不燃性(1.5 h、1.0 h、0.75 h);现行国家标准《建筑内部装修设计防火规范》GB 50222 规定,民用建筑地面装饰装修材料的燃烧性能不低于 B_1 级。由于目前本市住宅基本以 6 层以上为主,从防止火灾安全性的角度和防火设计规范的要求,规定了保温隔声垫的燃烧性能等级不低于 B_1 级,为现行国家标准《建筑材料及制品燃烧性能分级》GB 8624 中难燃建筑材料及制品。通过对不同材料燃烧性能进行验证,有机类材料均能达到铺地材料 B_1 级,无机纤维类材料能达到铺地材料 A 级。

甲醛主要来自于无机纤维类材料中的固化树脂,而有机材料中基本不含此类物质。VOC 是指材料中挥发性有机化合物的总量。因此,在技术指标上,甲醛释放量参考了岩棉和玻璃棉产品标准中的 GB/T 19686—2015 和 GB/T 17795—2019,甲醛释放量≤0.08 mg/m³;VOC 符合现行国家标准《民用建筑工程室内环境污染控制标准》GB 50325—2020 中地毯类 VOC 的指标要求，VOC≤0.500 mg/m² • h。验证试验结果表明，不同种类材料均符合要求。

保温隔声垫铺设后上层需要浇筑细石混凝土，浇筑后保温隔声垫处于相对潮湿的环境中，在此环境下对材料的尺寸稳定性提出了要求，需要保温隔声垫线性变化较小，从而防止由于线性变化过大而造成细石混凝土保护层的开裂。同时对于一些有机类材料，也可以通过此性能反映产品是否经过了陈化。技术指标参考了 EN 13162 中应用于浮筑楼板纤维类产品的技术要求，以及 EN 13163 中应用于浮筑楼板 EPS 类产品的技术要求。从验证试验结果看，基本都能满足要求。

压缩强度和压缩弹性模量项目试样尺寸为 200 mm×200 mm，试样的厚度为制品的整体厚度。压缩蠕变项目试样尺寸为 100 mm×100 mm，试样的厚度为制品的整体厚度。尺寸稳定性项目试样尺寸为 100 mm×100 mm。

3.3.3 钢丝网片在保护层中起到加强作用，选择合适丝径和网孔距的产品可以有效地预防保温隔声系统的开裂，已有的工程案例证明，如果钢丝网片的网孔间距过大或者丝径较细（直径小于 4 mm），对面层细石混凝土的约束作用不太理想，容易造成保护层开裂。根据目前工程实际应用情况，保护层内使用的钢丝网片的丝径为 Φ4 mm，网孔距为 101.6 mm×101.6 mm。同时在相关文献规范中，如现行国家建筑标准设计图集《建筑隔声与吸声构造》08J931 中规定，钢丝网片的丝径为 Φ4 mm；现行国家标准《建筑地面设计规范》GB 50037—2013 中规定，"水泥类整体面层需严格控制裂缝时，配筋为直径 4 mm～8 mm"。因此，不建议使用丝径较细的钢丝网片，例如丝径为 2 mm、3 mm 等的钢丝网片。同时本标准对钢丝网片丝径的极限偏差、网孔距的偏差、焊点抗拉力和镀锌层质量均提出了要求。

3.3.4 应采用弹性片材，可由保温隔声垫同质材料制成，也可采用专用材料(如 PE 卷材)。竖向隔声片宽度(即铺设后的高度)可根据需要选择,应不低于装修完成后的室内地面高度,以确保良好的隔声效果,避免产生声桥;对竖向隔声片进行厚度规定是为了确保隔声效果。同时竖向隔声片应具有较好的防水性能。

3.3.5 防水胶带的作用是为避免保护层的水泥浆渗入保温隔声垫间的缝隙,因此需规定防水胶带宽度,确保有效覆盖保温隔声垫拼缝宽度。

3.3.6 在实际应用过程中,因保温隔声垫之上需进行细石混凝土保护层湿作业,故保温隔声垫有液态水进入的风险,需要本身有防水性能或设置一定的防水防护。由于保温隔声垫材料多样,对于轻质、多孔或纤维类材料单靠材料本身表面憎水,无法抵抗捣筑混凝土时的水压力,为防止材料吸水后造成导热系数增大,降低力学性能,影响产品的耐久性,宜在其表面增加防水透气膜。

4 设　计

4.1　一般规定

4.1.1　浮筑楼板保温隔声系统声学性能包括空气声隔声和撞击声隔声,居住建筑的楼板多为钢筋混凝土楼板,根据测定,一般120 mm 厚的钢筋混凝土楼板其空气声隔声量为 48 dB~50 dB,撞击声隔声量为 79 dB 以上。结合上述数据可以得知,一般钢筋混凝土楼板都具有较好的空气声隔声性能,需要给予更多关注的是楼板的撞击声隔声量。因此本标准对浮筑楼板保温隔声系统的空气声隔声不做特别要求,满足现行国家标准《民用建筑隔声设计规范》GB 50118 标准和现行上海市工程建设规范《住宅设计标准》DGJ 08—20 中的相关规定即可。同时热工性能也应满足现行国家标准《民用建筑热工设计规范》GB 50176、现行行业标准《夏热冬冷地区居住建筑节能设计标准》JGJ 134 和现行上海市工程建设规范《居住建筑节能设计标准》DGJ 08—205 中的相关规定。

4.1.2　浮筑楼板保温隔声系统基本以室内使用为主,因此需要考虑保温隔声垫材料的燃烧性能,其燃烧性能应符合相关防火设计规范和设计要求。同时考虑到室内使用的材料其燃烧发生时应具有低烟和低毒性,以减少对人员的伤害。

4.1.3,4.1.4　根据节能保温,减少层间楼板传热损失及提高楼板撞击声隔声性能的原理和要求,提出了相应的原则性要求和措施。

4.1.5　可应用于浮筑楼板保温系统中保温隔声垫的涉及多个材

料种类,在设计说明书中应予以明确,便于满足楼板保温隔声工程的要求。

4.2 构造设计

4.2.1 保温隔声系统中保温隔声垫和细石混凝土保护层的均在楼板结构层之上进行。保温隔声垫都铺设在现浇钢筋混凝土楼板和叠合楼板的现浇混凝土层上,因此保温隔声系统的构造设计和施工是相同的。保温隔声系统应做好防水处理,防止混凝土渗入楼板结构层及保温隔声垫受潮而降低隔声保温效果。防水透气膜的设置一方面可以防止使用和施工过程中水分对保温隔声垫的影响,另一方面垫铺设防水透气膜可以防止保温隔声层与细石混凝土层形成不均布空鼓造成开裂。结合产品的性能和应用案例,当采用体积吸水率大于3%的保温隔声垫以及采用未贴覆防水透气膜的无机纤维类保温隔声垫时,应在保温隔声垫与细石混凝土防护层间铺设一层防水透气膜。

对于有防水要求的空间,保温隔声垫不能取代防水材料,仍然应按相关要求进行防水处理后再铺设保温隔声垫。

4.2.2 设置竖向隔声片使得防护层及其上面的饰面层与房间四周墙体、柱的抹灰层间断绝刚性连接,确保防护层及饰面层处于悬浮状态(也称为"浮筑")。设计应绘制出保温隔声系统的节点构造作为施工依据。竖向隔声片的总高度应至少高出细石混凝土保护层上表面 20 mm,可满足装饰面层阻断声桥的需要;当装饰面层厚度超过 20 mm 时,竖向隔声片应随之加宽,确保装饰面层与周边结构墙体无刚性连接。

4.2.3 辐射供暖保温隔声系统用管道可根据工程实际情况,采用钢丝网片或其他有效的方式对管道进行固定。同时应符合现行行业标准《辐射供暖供冷技术规程》JGJ 142 和现行上海市工程建设规范《地面辐射供暖技术规程》DGJ 08—2161 中的设计要求。

4.2.4 由于保温隔声垫一般均属于轻质、多孔材料,这类材料强度不高,不能直接作为楼面受力层承受其上的各种荷载,因此必须配有相应的保护层。通过调研发现,目前最常用的保护层为细石混凝土,细石混凝土保护层中配有钢丝网片作为增强。细石混凝土可以作为保护保温隔声垫的保护层,并传递和承受荷载。因此本条规定了细石混凝土的厚度和强度,细石混凝土保护层厚度应根据房间的使用功能,所承受的楼面荷载以及细石混凝土保护层中是否设置辐射供暖管道等情况确定。同时,结合工程实际情况规定了钢丝网的放置位置,钢丝网的丝径和网孔距以及搭接宽度。通过这些构造设计规定来避免细石混凝土保护层的开裂。

4.2.5 当铺设楼面面积大于 30 m^2 或者边长大于 6 m 时以及门洞口、墙体阳角处或者保温隔声楼板和非保温隔声楼板交界处,细石混凝土保护层应设置分格缝,分格缝的间距不应大于 6 m,这样可以避免细石混凝土保护层受温度变化等影响而出现混凝土膨胀、收缩(干缩)裂缝。

4.2.6 木地板采用打龙骨安装方式时,不仅可以通过地板本身、楼板以及龙骨的振动,将噪声传播至相邻房间,更可以通过龙骨间的空腔,传播空气声至相邻房间。在门洞处断开相邻房间的龙骨地板系统,可以增强房间之间的隔声性能。本标准规定细石混凝土的强度不低于C25,作为龙骨的持钉层其强度是能够承受的。细石混凝土保护层厚度不低于 40 mm,持钉层的锚固深度宜不小于 30 mm,但不得穿透保护层。

4.3 保温与隔声设计

4.3.1 隔声保温垫的保温性能及隔声性能均与其厚度相关,因此需根据相关热工计算(保温计算)和隔声要求确定厚度,并取决于保温性能和隔声性能两者中的最高要求。

对于分层复合保温隔声垫产品,其热工性能主要有保温材料的导热系数和复合垫层的热阻决定,按保温材料的导热系数和修正系数进行热工计算。

4.3.3 经大量实验室检测,利用楼板结构层的撞击声压级与保温隔声系统的撞击声改善量,可以计算出楼板的撞击声压级。考虑到实验室与现场的施工精细度与可靠性,在现场施工条件不明确时,应提高安全余量。

5 施 工

5.1 一般规定

5.1.2 为确保工程施工质量,应根据设计图纸,结合实际情况编制专项施工方案。此外,施工人员的施工水平对施工质量影响较大,故应在施工前对相关人员进行技术交底和必要的实际操作培训,技术交底和培训均应留有记录。

5.1.3 浮筑楼板保温隔声系统的设计和安装应遵照系统供应商的设计和安装说明进行。整套组成材料都由系统供应商提供,系统供应商最终对整套材料负责。

5.1.4 样板间不仅可以直观地看到和评判其质量与工艺状况,还可以对材料、做法、效果等进行直接检查,并可以作为验收的参照实物标准,也是对作业人员技术交底的过程。

5.1.5 本条对施工环境作出规定。浮筑楼板保温隔声系统的细石混凝土保护层为水泥基材料现浇层,温度过低会影响水泥的早期水化反应,进而影响其强度。

5.2 施工工艺

5.2.2 保温隔声垫为干铺,基层坚实、平整,清洁干净,才能保证铺设后不起拱,不翘曲,避免细石混凝土保护层因基层因素导致开裂。宜尽量利用楼板结构层找平,利于室内净高。

5.2.3 弹控制线主要是为了控制细石混凝土保护层标高、竖向隔声片上口标高以及分格缝的位置。

5.2.4 本条对保温隔声垫的铺设作出规定,铺设时应注意接缝宽度以及缝隙的密封处理,避免产生声桥以及浇筑细石混凝土时渗入。

5.2.6 辐射供暖管道、冷热水管道除用固定在附加钢丝网片上的方式以外,也可采用其他方式固定。对于采用辐射供暖的楼板保温隔声系统,保温隔声垫除满足本标准的规定,还应符合现行行业标准《辐射供暖供冷技术规程》JGJ 142 和现行上海市建设工程规范《地面辐射供暖技术规程》DGJ 08—2161 的规定。

5.2.8 本条对钢丝网片的铺设作出规定。钢丝网片对防止混凝土开裂具有重要作用,因此应严格按施工要求铺设。

5.2.9 本条对细石混凝土保护层施工作出规定。洒水养护宜在混凝土裸露表面覆盖麻袋或草帘后进行,也可直接洒水养护,每天应洒水 3 次~4 次,施工温度较高时可增加洒水次数,确保混凝土表面保持湿润状态。

覆盖养护宜在混凝土裸露表面覆盖塑料薄膜,塑料薄膜加麻袋、塑料薄膜加草帘进行,塑料薄膜应紧贴混凝土裸露表面,且保持膜内有凝结水。

5.2.10 本条对分格缝的设置作出规定。分格缝的设置可以防止混凝土开裂,因此应严格按施工要求设置。

6 质量验收

6.1 一般规定

6.1.3 浮筑楼板保温隔声系统施工过程中,涉及到多个隐蔽工程,因此应及时进行质量检查和隐蔽工程验收,确保工程施工质量。

6.1.7 应注意,检验批的划分并非是唯一或绝对的,当遇到较为特殊的情况时,检验批的划分也可根据方便施工与验收的原则,由施工单位与监理(建设)单位共同商定。

6.2 主控项目

6.2.2 浮筑楼板保温隔声系统主要材料的进场复验的项目,复验方法应遵循相应产品的试验方法标准,复验是否合格应依据设计要求和本标准判定。复验应为见证取样送检,由具备见证检验资质的检测机构进行试验。

6.2.3 浮筑楼板保温隔声系统的楼板结构层不应有明显裂缝和突出部位,因此需要对楼板结构层表面进行处理。由于楼板结构层表面处理属于隐蔽验收工程,施工中容易被忽略,事后又无法检查。本条强调对楼板结构层表面的处理应按照设计和施工方案的要求进行,以满足浮筑楼板保温隔声系统施工的需求,并规定施工中应全数检查,验收时则应核查所有隐蔽工程验收记录。

除细石混凝土保护层外,浮筑楼板保温隔声系统各层构造做法均为隐蔽工程,完工后难以检查。在施工过程中对于隐蔽工程应做到随做随检,并做好记录。检查的内容主要是各层构造做法是否符合设计要求,以及施工工艺是否符合施工方案要求。

6.2.4 浮筑楼板保温隔声系统的隔声性能和热工性能均与保温隔声垫的厚度有关系,因此需确保保温隔声垫的厚度满足设计要求。保温隔声垫的铺设情况以及接缝宽度均对隔声性能具有一定影响,需加以规定。

6.2.5 细石混凝土保护层的强度不足也会造成浮筑楼板保温隔声系统的开裂,因此应对其强度是否符合设计要求进行现场同条件检验,批次按现行国家标准《建筑地面工程施工质量验收规范》GB 50209 中的规定进行。

6.2.6 本条是通过现场实体检测来验证浮筑楼板保温隔声系统的撞击声隔声性能和热工性能是否满足设计和本规程的要求。

6.3 一般项目

6.3.6 浮筑楼板保温隔声系统施工完成后还需进行饰面层的施工,因此应对保护层平整度做出规定;此外,细石混凝土保护层由于容易产生微裂缝,因此钢丝网片的铺设和搭接对防止开裂具有重要作用,需加以控制。